關於作者
郭翔

童書策劃人，上海讀趣文化創始人。

策劃青春文學、兒童幻想文學、少兒科普等圖書，擁有十多
年策劃經驗。

2015 年成功推出的原創少兒推理冒險小説《查理日記》系列，
成爲兒童文學的暢銷圖書系列。

豆腐小美成長相冊

嗨！我叫小美，是一塊溫柔又可愛的豆腐。我出生在中國，一個熱愛美食的國度。我能來到這個世界上，不能不說是一個偉大的奇蹟。

我送給黃豆媽媽的感恩節擁抱

我在日本穿上了漂亮的和服

我喜歡和小夥伴們玩疊羅漢遊戲

我在學習筷子禮儀

豆腐家族大聚會

我獲得了素食營養學博士學位

目錄

尋找豆腐的身影

　　白白嫩嫩的豆腐和種類繁多的豆製品是餐桌上常見的食物，我們的日常生活中隨處都能看到它們的身影。

小男孩安安的一天

豆腐腦：我是豆腐家族裡的早起楷模！

早餐供應
包　子
豆　漿
豆腐腦

早上 7：00
吃早餐

五香豆干：在冰冰涼涼的環境裡才可以保鮮喲！

豆腐專櫃

五香豆干

上午 10：00
陪媽媽逛超市

作為人類的營養密友，我們豆腐家族每天都陪在你們身邊。不信，就跟著小美去看看吧。

中午 12：00
午飯

香芹豆干　炸豆腐丸子　皮蛋豆腐

豆腐就是這麼百變和百搭。看，色香味俱全的豆腐家常菜真叫人垂涎欲滴呀！

下午 3：00
買零食

各種口味的豆腐干、豆腐串都是豆腐家族裡頗受好評的零食領軍人物。

麻辣豆腐干

麻婆豆腐

豆皮蔬菜捲

文思豆腐羹

晚上 6：00
晚餐聚會

即使在飯店裡，豆腐依然是人們常點的佳餚。

晚上 8：00
傍晚散步

就連街邊的小吃，也不乏豆製品的身影。

我們豆腐家族的成員參與著人們每天的生活，這是最令我們開心和自豪的事。

豆腐的身世之謎

豆腐的誕生

豆腐是中國的傳統食品，距今已有2100多年的歷史，它曾被譽為中國"第五大發明"。可是關於它的起源，一直爭議不斷，就像一個謎題，等待我們去破解。

關於豆腐家族的身世，因為年代久遠，我們自己也搞不清楚。但很多人都認為是漢代的劉安在煉丹時發明了我們。

劉安煉丹發明了豆腐

漢代淮南王劉安，是漢高祖劉邦的孫子。他不但才華出眾，編寫出流傳至今的巨著《淮南子》，而且沈迷於煉丹、製藥、求仙。

石膏是煉製長生不老藥常用的原料之一。煉丹術士用清泉水磨製豆汁，用來培育丹苗，不料仙丹沒煉成，倒是偶然間不小心把豆汁和石膏混在了一起，形成了一種嫩白綿滑的東西，有人大著膽子嚐了一口，覺得味道還不賴。

這事傳到劉安耳朵裡，他命令煉丹人進一步試驗，終於使豆汁和石膏以更合理的比例凝固在一起。他們給這種東西取了個好聽的名字 —— 菽乳，這就是最初的豆腐。

從此，豆腐在民間廣泛流傳開來。

但對於這個說法存在著一些爭論。

爭論一 豆腐起源的時間是在漢代還是在唐末或五代？

起源漢代說

雖然文獻沒有記載，但1960年河南出土的東漢墓葬中有"豆腐工廠石刻"圖，有力地證明了豆腐在東漢時期就已經出現了。

起源唐末或五代說

唐代以前的著作中沒有關於豆腐的任何記載，所以比唐代還要早七八百年的漢代不可能出現豆腐。

最早記載豆腐的古書叫作《清異錄》，是五代時期一個叫陶谷的人寫的。據此可以推斷，豆腐應該出現於唐末或五代時期。

爭論二 豆腐的發明者是劉安還是普通百姓？

劉安煉丹發明了豆腐的說法，雖然在李時珍、朱熹等古代名人的書中都有記載，但並無確實的證據。也有史學家認為，豆腐是人民長期勞作實踐的智慧結晶，劉安不過是喜歡豆腐，推廣了豆腐的製作方法，所以被後世認為是豆腐的發明者。

無論真相是什麼，可以肯定的是，我們豆腐家族歷史悠久。許多關於豆腐的民間傳說年代都很久遠，所以，我們更願意相信豆腐早在漢代時期就已出現。

什麼是中國古代的四大發明？

　　中國古代的四大發明是造紙術、指南針、火藥和活字印刷術，它們是古代中國科技文明的代表，是對世界文明發展的重要貢獻，非常值得我們自豪。

造紙術	指南針	火藥	活字印刷術

樂毅賣 "豆府之玉"

　　樂毅是戰國後期燕國傑出的軍事家，也是非常有名的孝子。他的父母很喜歡吃黃豆，可是年紀大了，豆子吃起來很不方便。於是，樂毅就把黃豆磨成豆漿，煮熟，端給父母喝。

　　父親喝了一口，覺得沒什麼滋味。樂毅想，要不放點兒鹽嚐嚐？可家裡沒鹽了，只剩一些鹹鹹的鹽滷水。當樂毅把鹽滷水倒進豆漿時，奇怪的事情發生了。鍋裡的豆漿竟全都凝成了白嫩嫩的乳塊，豆香四溢。端給父母一嚐，滑嫩可口，樂毅給它取名為 "豆府之玉"。

　　後來，樂毅嘗試著把鹽滷水換成了石膏，沒想到 "豆府之玉" 更加鮮嫩。於是，樂毅開了家小工廠，專賣 "豆府之玉"，且廣受歡迎。"豆府之玉" 的名字漸漸被人們叫成 "豆府肉"，又有人把 "府" 與 "肉" 寫在一起，寫成個 "腐" 字，"豆腐" 一名便流傳開來。

傳說，釀酒始祖杜康的妹妹也是無意中將豆漿倒進了裝鹽滷的碗裡，而發明了豆腐呢。

"逗夫" 與 "豆腐"

　　相傳，古時候人們就會磨豆漿喝。有一對小夫妻恩恩愛愛，可婆婆卻有些吝嗇，連碗豆漿也捨不得讓兒媳婦喝。可兒媳婦很愛喝豆漿，只能趁著婆婆不在家的時候偷偷磨點兒來喝。

　　一天，婆婆出門去了。兒媳婦煮好豆漿，剛要喝，就聽到腳步聲。她怕是婆婆回來了，趕緊把那碗豆漿倒進了竈旁的罈子裡，蓋上了蓋子。沒想到推門進來的是丈夫，她便笑嘻嘻地拉丈夫去喝豆漿。誰知揭開罈蓋一看，豆漿凝固成了雪白雪白的塊狀物。丈夫說："你別逗我了，這哪兒是豆漿啊？"

　　原來，這罈子因為常年醃鹹菜，裡面還有一些鹽滷水，熱豆漿倒進去便凝固了。小夫妻倆好奇地嚐了一口，沒想到這潔白如玉的東西竟十分細滑可口。該叫它什麼呢？兩人一商量，就叫它"逗夫"吧。"逗夫"與"豆腐"諧音，後人不知這一典故，誤將"逗夫"稱為"豆腐"了。

豆腐誕生在中國

中國是 "大豆王國"

　　豆腐是用大豆製作出來的一種食品。大豆是黃豆、黑大豆等豆類的通稱，種植非常廣泛，至少已有 4500 年的栽培歷史。中國是大豆的發源地，被世界譽為 "大豆王國"。

大豆種子結構圖

種皮：保護、減少水分流失，最終脫落。

胚芽：發育成莖和葉。

胚軸：連接根和莖的部分。

胚根：形成根。

子葉：大豆種子的營養主要儲藏在子葉裡。

大豆苗

掃一掃，觀看有趣的影片。

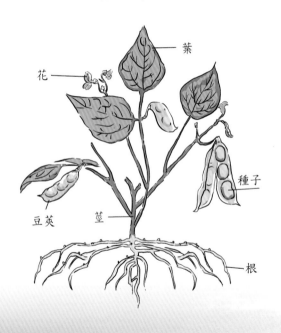

葉

花

種子

豆莢　莖

根

小美自然課

為什麼人們更多地選用黃豆做豆腐？

　　和青豆、黑豆相比，黃豆種植面積廣，產量大，市場供應充足，很容易買到；黑豆含色素影響感官，而黃豆做出來的豆腐顏色潔白，賣相好。因此，黃豆是做豆腐的首選原料。

看，這就是大豆的種子——金燦燦的豆粒。

掃一掃，觀看有趣的影片。

石磨誕生在中國

　　石磨是一種石頭製成的農具，利用人力或畜力給糧食去皮，或把糧食研磨成粉末。早在戰國時期，中國就有石磨了，到了漢代，出現了一種專門用來磨漿的石磨。從此，人們可以把大豆磨成豆漿來食用。

小美語文課

詠石磨
[清] 趙翼

路迢迢而非遠，石疊疊而無山，
雷轟轟而未雨，雪飄飄而不寒。

魯班

看，這就是石磨。

🐑 小美民俗課 魯班發明石磨

　　魯班是中國古代一位優秀的發明家，他發明了很多木工使用的工具，中國的土木工匠都尊稱他為祖師。今天，中國還設有 "中國建築工程魯班獎"，是建築行業的最高榮譽。

　　相傳，石磨是魯班發明的。在魯班生活的年代，人們想吃米粉、麥粉時，都是把米和麥粒放進石臼裡，拿一根粗粗的、長長的石棍來搗。這種方法費力費時，效率還很低，每次只能搗很少的粉，而且粗細也不均勻。魯班很想找一種用力少且收效大的方法。

　　有一天，他受到啟發，把石料鑿成兩個大圓盤，又在每個圓盤的一面鑿出一道道槽。再在其中一個圓盤上裝上木把。鄉民們都圍過來看，想知道魯班做的是什麼。只見魯班把兩個圓盤擺在一起，鑿有凹槽的一面相對，裝有木把的圓盤放在上面。為了方便轉動，在兩個圓盤中心還裝上軸。魯班在圓盤中間放入麥粒，用木把轉動上面的石盤，麥粒很快就磨成了麵粉。這就是流傳了兩千多年的石磨。

中國人發現的神奇凝固劑

在前面的故事裡，鹽滷水和石膏都起到了凝固劑的作用。把它們加入熱騰騰的豆漿中，豆漿便可凝固成塊。古人把這個步驟形象地稱為"點滷"，把做豆腐稱為"點"豆腐，其原理就是設法使大豆中的蛋白質凝固，從而形成豆腐。現在，做豆腐時最常用的凝固劑有鹽滷、石膏、葡萄糖酸內酯等，用它們做出來的豆腐，口感、外形也各不相同。

鹽滷

鹽滷是海水或鹽湖水製鹽後殘留在鹽池內的液體。用鹽滷製成的豆腐水分較少，有一定硬度，人們稱它為老豆腐。因為北方人喜歡用鹽滷點豆腐，所以又叫它北豆腐。

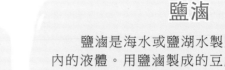

北豆腐

石膏

石膏是一種無機鹽，主要成分是硫酸鈣。可食用的石膏可以用來做豆腐。石膏豆腐軟滑細嫩，顏色潔白，水分較多，人們稱它為嫩豆腐。因為南方人喜歡用石膏點豆腐，所以嫩豆腐又叫南豆腐。

南豆腐

葡萄糖酸內酯

葡萄糖酸內酯是現代製作豆腐用的凝固劑，使用起來更簡便。超市裡常見的內酯豆腐就是用它點的，這種豆腐比南豆腐還細膩水嫩，就像蒸蛋一樣。

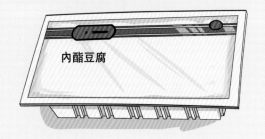

內酯豆腐

 小美語文課 豆腐歇後語

滷水點豆腐—— 一物降一物。

含義：事物都是相生相剋的，就像豆漿被滷水所凝固，一些看似難以解決的問題，卻可以被某個人或因為某件事輕而易舉地解決。

各種豆腐的特點比較

豆腐種類	凝固劑	含水量	蛋白質含量	口感
北豆腐	鹽滷	少	高	豆香，有韌勁
南豆腐	石膏	中	中	石膏香，較細嫩
內酯豆腐	葡萄糖酸內酯	多	低	無香，最細嫩

豆腐是如何製作的

傳統手工點豆腐

　　傳統手工點豆腐的工序有點兒複雜，要經過泡、磨、濾、煮、點、壓六個步驟才能完成，尤其是點滷，全憑經驗和手藝。

1 泡豆：將黃豆在水中浸泡約 12 小時。

2 磨豆：將泡好的黃豆放進石磨，加水磨成豆漿。

掃一掃，觀看有趣的影片。

3 濾豆：把豆漿倒入紗布兜裡，濾掉豆渣。

4 煮漿：將過濾好的豆漿倒入鍋中加熱，煮沸。

5 點滷：在熱豆漿裡加入鹽滷或石膏，同時用鏟子沿同一方向攪動，直到鍋裡出現芝麻大的顆粒時停止攪動，蓋上鍋蓋等待凝固。

6 壓榨：凝固的豆漿像豆花一樣，要用布包裹好放入豆腐箱內擠壓。壓出多餘的水分後，美味的豆腐就算做好啦！

15

現代化豆腐生產線

現代化豆腐加工廠實現了豆腐製作工藝的機械化。在生產線上，工人只需要把黃豆放入傳送帶，輸送至不同的機器進行加工，白嫩嫩的豆腐便可自動產出，非常方便、快捷。

1 把黃豆仔細洗乾淨。

快！跟著我一起去參觀吧。

2 用水將大豆泡一晚上，讓大豆變軟。

3 把泡好的大豆放進機器裡，加入清水磨碎，變成豆漿。

4 把磨碎的大豆用高溫煮 10 分鐘左右。

5 用煮熟的大豆榨出豆漿，並分離出豆渣。

接下來是北豆腐、內酯豆腐的製作過程。

北豆腐

1 把滷水放入豆漿裡，形成豆花。

2 把棉布放入模具箱裡鋪平整。

3 將豆花均勻地倒入模具箱裡。

4 用棉布將豆花表面蓋平整，用鐵板擠壓水分約 30 分鐘。

5 結實的北豆腐就做好了，可以切割成不同的小塊包裝販賣。

內酯豆腐

1 把新鮮的豆漿倒入模具箱裡。

2 加入葡萄糖酸內酯凝固。

3 將凝固好的內酯豆腐放在水裡，切割成大小適合的豆腐塊。

4 將豆腐放進包裝盒裡，白白嫩嫩的豆腐就可以上市去賣啦。

豆腐

豆腐是百變精靈

多變的一生

浸泡

黃豆

看，這就是我們豆腐家族的成長史，每一次變化都是一次成長。

經過加工做成美食

磨漿

豆渣

直接餵豬

生豆漿

過濾

加熱

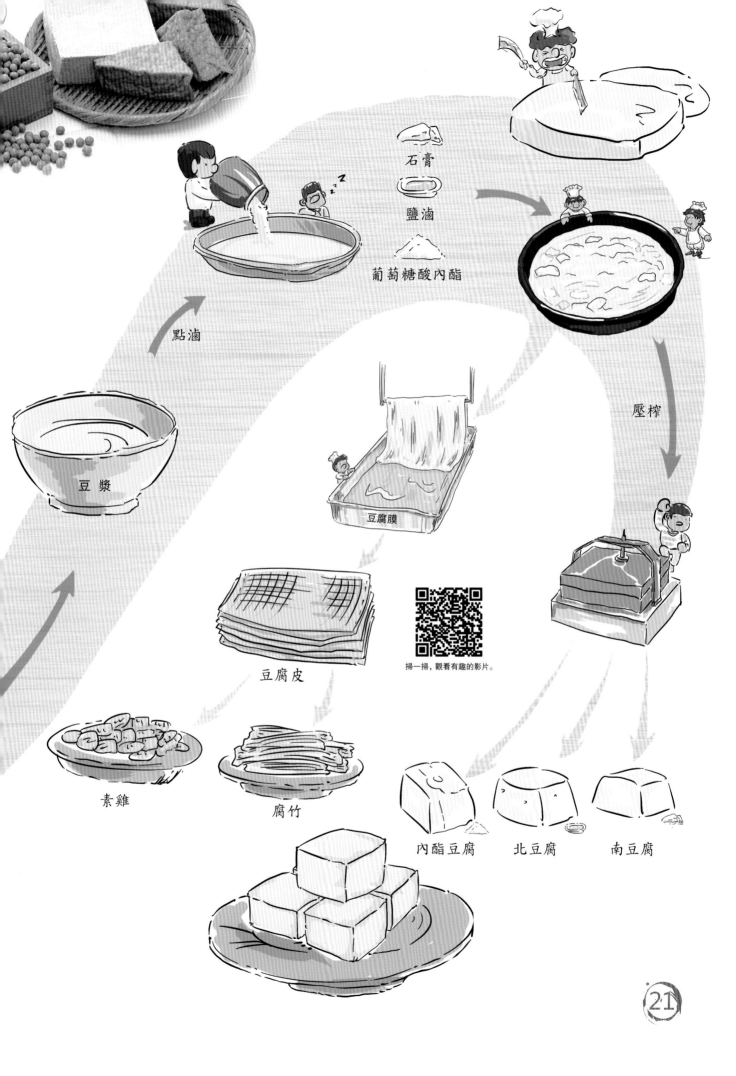

點滷

石膏
鹽滷
葡萄糖酸內酯

壓榨

豆漿

豆腐膜

豆腐皮

素雞

腐竹

內酯豆腐

北豆腐

南豆腐

掃一掃，觀看有趣的影片。

21

豆腐的 "72 變"

"民以食為天！" 人們的智慧在豆腐身上發揮出了驚人的創造力，使豆腐千變萬化，口味花樣百出。

豆腐家族非常龐大，家族成員性格迴異，但都是受人歡迎的美食喲。

臭豆腐

豆腐乳

彩色豆腐

發酵醃製

發酵

加入天然蔬果汁

豆腐

冰凍

凍豆腐

加入奶油

壓榨

油炸

炸豆腐

冷凍

豆腐冰淇淋

燻烤

燻豆干

22

小美生活課 真假豆腐識別

下面這些食品雖然都叫"豆腐"，但有的是用大豆做的真豆腐，有的則是用其他食材做的假豆腐，你能分別找出來嗎？

1. 北豆腐

2. 臭豆腐

3. 魔芋豆腐

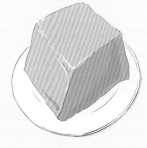

4. 內酯豆腐

5. 牛奶豆腐

6. 杏仁豆腐

7. 日本豆腐

8. 魚豆腐

A. 真豆腐：_____

B. 假豆腐：_____

雖然"假豆腐"也叫"豆腐"，但和豆腐一點兒關係也沒有，這些食品的原料中根本沒有大豆。日本豆腐以雞蛋為原料，杏仁豆腐以杏仁露為原料，牛奶豆腐以牛奶為原料，魚豆腐以魚肉為原料，魔芋豆腐則以魔芋為原料。只是因為它們的口感或外形類似於豆腐，所以人們叫它們"某某豆腐"。

日本豆腐

杏仁豆腐

牛奶豆腐

魚豆腐

魔芋豆腐

答案：A（1/2/4） B（3/5/6/7/8）

豆腐走遍全世界

豆腐走出國門

跟我一起來看看豆腐走向世界的歷程吧。

像中國的茶葉、瓷器、絲綢一樣,豆腐誕生於中國,在千百年的商品流通中,走出國門,享譽世界。

唐朝時期傳入日本

日本傳統觀點認為,中國唐代鑒真和尚在公元 757 年東渡日本時,把製作豆腐的技術傳入日本,因此,日本人視鑒真為日本豆腐的祖師。豆腐在日本特別受歡迎,日本人新創了很多品種和吃法。

宋朝時期傳入朝鮮

宋

豆腐坊

元明時期傳入印尼及周邊國家

20 世紀初傳入歐洲

1906 年，中國實業家李石曾先生在法國巴黎市郊開辦了一家豆腐工廠。當時，在巴黎，牛奶因為短缺而昂貴，營養豐富的豆漿一時成為法國人的時髦飲料。李石曾先生的豆腐工廠因此聲名鵲起，他還將豆腐和豆製品帶進了巴黎的萬國博覽會。從此，豆腐和豆製品從法國傳遍整個歐洲。

20 世紀六七十年代
成為美國人的家常菜

當時美國出現了專業的豆腐食譜來指導人們進行烹飪。到今天，美國洛杉磯每年還會舉辦"洛杉磯豆腐節"來宣傳豆腐美食。

20 世紀 80 年代在
加拿大受到歡迎

隨著加拿大人素食飲食觀念的深入，豆腐逐漸受到人們的歡迎。更有意思的是，加拿大人還把豆腐加入 2008 年的北京奧運會食譜中。

20 世紀末風靡歐洲

當時，歐洲出現了狂牛症、禽流感，人們對肉類產品產生了恐懼，素食主義開始興起，"豆腐熱"一時席捲德國。

21 世紀遍布世界各個角落

如今，豆腐在越南、泰國、韓國、日本等國家已成為主要食物之一，世界各地的豆腐美食也層出不窮。

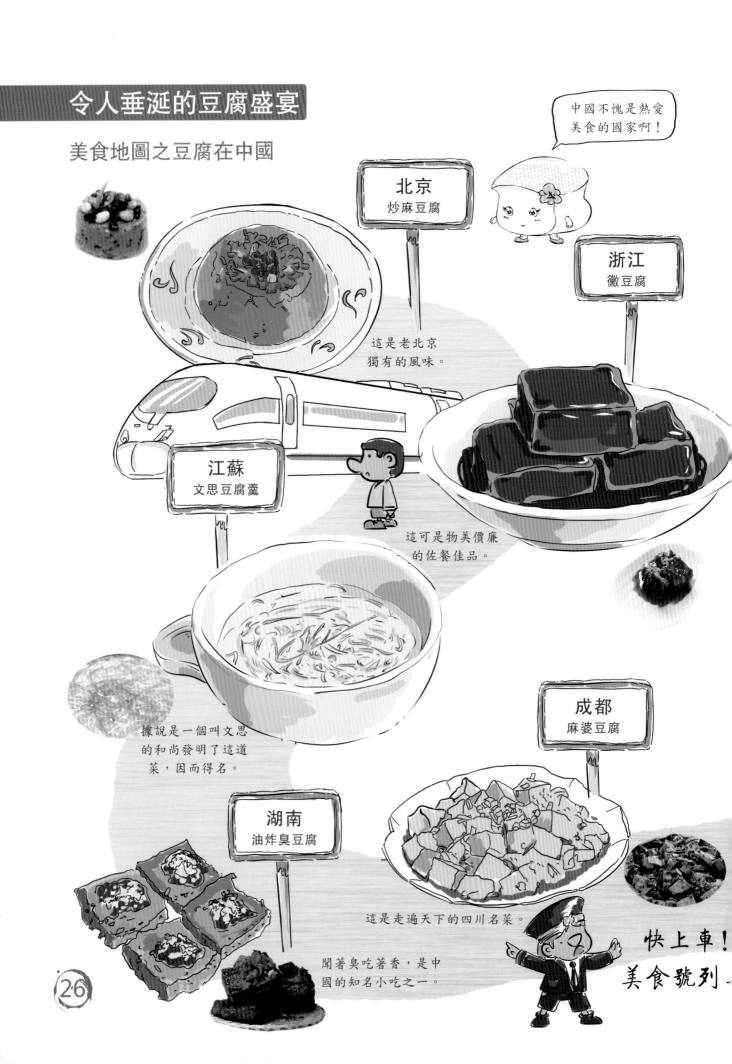

令人垂涎的豆腐盛宴

美食地圖之豆腐在中國

中國不愧是熱愛美食的國家啊！

北京
炒麻豆腐

這是老北京獨有的風味。

浙江
黴豆腐

江蘇
文思豆腐羹

這可是物美價廉的佐餐佳品。

據說是一個叫文思的和尚發明了這道菜，因而得名。

成都
麻婆豆腐

湖南
油炸臭豆腐

這是走遍天下的四川名菜。

聞著臭吃著香，是中國的知名小吃之一。

快上車！
美食號列

臺灣
豆腐冰淇淋

香甜嫩滑，入口即化喲！

香港
山水豆腐花

爽口又有營養！

廣東
客家釀豆腐

與湯汁一起吃，口感滑潤鮮美。

廣西
煎豆腐

這是當地招待客人必不可少的特色美味。

貴州
烤小豆腐

蘸上辣椒，又香又辣又麻又燙。

美食地圖之豆腐在日本

豆腐在日本特別受歡迎，有很多與眾不同的豆腐美食等你品嚐呢。

高度有 20 公分。

新潟：櫪尾炸豆腐
特大號的炸豆腐。

長崎：花生豆腐
豆漿與搗碎的花生一起熬製作成的豆腐。

直接用手拿著吃吧。

鳥取：豆腐魚捲
和魚肉末一起製作而成。

佐賀：嫩豆腐
在豆漿中加入葛粉做成的豆腐。

沖繩：島豆腐
用海水凝固而成的豆腐。

在上面放上魚肉食用。

口感滑如布丁。

與蕎麥麵汁和芥末一起食用。

用海帶捲起來或者在切麵上加些圖案。

長野:蕎麥豆腐
有蕎麥香味的豆腐。

秋田:豆腐魚糕
含有祝願美好、圓滿的意思。

岩手:燻豆腐
味道醇香的燻製豆腐。

茨城:稻草包豆腐
用稻草把煮好的豆腐包起來。

用水稻葉包起來的東西叫稻草包。

純樸且別具風味。

京都:湯豆腐
用上等的湯汁煮後,蘸著加蔥的醬油吃。

美食地圖之豆腐在世界各地

豆腐家族的足跡遍布世界，在各地都大受歡迎。

泰國：泰式豆腐花
在澆了薑湯的豆腐花上面，再加上胡椒和炸條。

除了甜之外，還辣辣的、鹹鹹的。

韓國：韓式煎豆腐
將豆腐塊浸入韭菜蛋液中醃漬，然後下鍋煎至雙面呈金黃色。

韓式泡菜豆腐湯
切成厚片的豆腐與翻炒後的五花肉、泡菜等一起煮。

馬來西亞：娘惹豆腐
豆腐先用肉末調料釀過，然後油炸，再澆上沙嗲醬的湯汁。

娘惹是一種飲食文化，是由中國菜與東南亞菜式風味結合而成的。

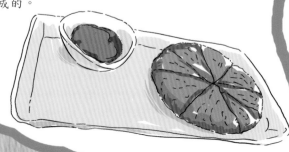

澆上青檸汁一起吃，口味清爽。

越南：豆腐沙拉
豆腐用蒜炒香，再加入花生、黃瓜、辣醬和香菜拌勻。

豆腐有著牛排與
荷葉的香味。

澳洲：豆腐牛排
將油炸的臭豆腐用荷葉包裹起來，
放在牛排底部一起煎。

味道香甜而濃郁！

美國：奶油豆腐南瓜湯
豆腐和南瓜、奶油一起攪碎放入
湯鍋中煮熟。

德國：豆腐快餐
用豆腐做成的素香腸和豆腐漢堡。

豆腐營養學

　　豆腐一直是人們喜愛的食物，無論是在營養上還是口味上，都可與肉、蛋、奶相媲美，因此有"植物肉"的美稱。

你知道嗎？豆腐不但含有鐵、鈣、磷、鎂等人體必需的多種營養元素，還含有醣類、油脂和豐富的優質蛋白質，這些可都是人體需要的營養物質。特別是蛋白質，它是生命的物質基礎。

　　豆腐的主要成分是蛋白質。100克豆腐中所含的蛋白質，接近於160克雞蛋所含的蛋白質。豆腐也可與營養豐富的羊肉媲美，每200克北豆腐裡所含的蛋白質，比100克羊肉所含的蛋白質要多。在素食者的菜譜裡，豆腐是肉類的最好替代品。

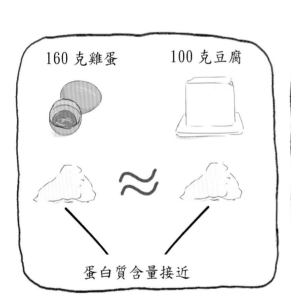

160克雞蛋　　　100克豆腐

$\approx$

蛋白質含量接近

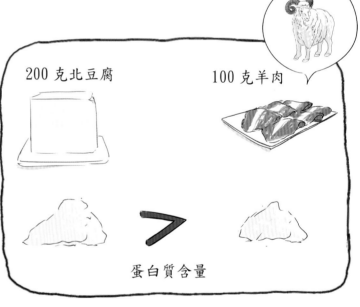

200克北豆腐　　　100克羊肉

$>$

蛋白質含量

我一直潛心研究豆腐家族與人類健康的關係，獲得了素食營養學博士學位。一起來看看我的研究結果吧。

豆腐家族的健康功效

1 **維持免疫力**：豐富的植物蛋白可以維持人體免疫力。

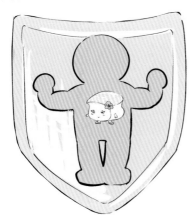

2 **補充鈣質**：兩小塊豆腐，即可滿足一個成年人一天對鈣的需求。

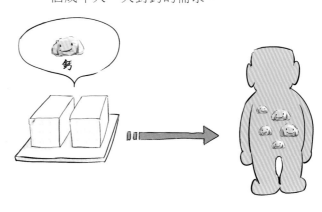

3 **讓頭腦變聰明**：豆腐含有豐富的大豆卵磷脂，有助於提高記憶力，集中注意力。

4 **延緩骨質疏鬆**：豆腐蘊含豐富的大豆異黃酮，有助於延緩骨質疏鬆。

5 **降低癌症發病率**：豆腐中的膽固醇、豆固醇可以延緩血脂升高，降低癌症發病率。

—— 可惡的癌細胞

有趣的豆腐文化

豆腐與名人

　　豆腐物美價廉，自誕生起，就成為上至帝王貴族、下至平民百姓都喜愛的食物。很多民間傳說、名人趣聞也都與豆腐有關。

★ 三國時期

　　提起諸葛亮，大家都知道他能掐會算、料事如神，是個大能人，卻不知道他也曾被一筆豆腐帳難倒過。

　　傳說諸葛亮隱居隆中時，有一天，一個賣豆腐的老人給他出了道難題：一斤豆子能打多少豆腐？這可把號稱能知天下事的諸葛亮給難住了。於是，他虛心向老人請教，得知答案後不禁感嘆：天下事之多，又豈能為一人所知啊！

諸葛亮

王羲之

★ 東晉

　　一字千金的著名書法家王羲之曾為豆腐記過帳。

　　在王羲之還沒當官的時候，他生活貧困潦倒，曾寄居在一家豆腐工廠裡，幫助大字不識的好心店家記帳。正是這本字體瀟灑飄逸的豆腐工廠帳本，才讓宰相謝安結識了王羲之，並舉薦他當官，最終官拜至右將軍。

★ 唐代

　　李白是唐代著名大詩人，字太白，被後人尊為"詩仙"。據說在唐玄宗開元年間，曾有以李白的名號命名的菜餚，名叫"太白豆腐"。

詩

李白

杜甫是與李白齊名的唐代大詩人，他被後人尊為"詩聖"。杜甫在雲陽居住時，曾炸過一種長有白毛的千張豆腐來招待朋友，味道鮮美醇香。這就是流傳至今的名菜"雲陽黴千張"。

　　據傳唐代大詩人白居易在貴州當官時，常到玉印寺拜訪玉印長老。有一次，玉印長老命廚師釋保做菜招待，其中便有一道"蒸豆腐"。白居易品嚐後，覺得味道異常鮮美，便為此菜起名為"釋保豆腐"。

杜甫

★ **宋代**

白居易

★ **明代**

　　據說，歷史上大名鼎鼎的大學者朱熹拒絕吃豆腐，因為他想不明白做豆腐的原理是什麼。真可惜，他錯過了如此美味的食物，不過，他寫下的一首豆腐詩卻流傳至今。

　　明代開國皇帝朱元璋，幼時家境貧寒，靠乞討度日。他常去一家姓黃的飯鋪乞討豆腐，覺得味美無比。後來他做了皇帝，依然思念家鄉的豆腐，就招黃家飯鋪的廚師為御廚，每天專門為他做愛吃的"瓢豆腐"。從此，"瓢豆腐"身價百倍，成為宴席上的一道名菜。

朱熹

🐹 **小美語文課**

豆腐

[南宋] 朱熹

種豆豆苗稀，力竭心已腐。
早知淮王術，安坐獲泉布。

朱元璋

★ **清代**

　　慈禧太后特別愛吃王致和的臭豆腐，還為其賜名"青方"，並將其列為御膳小菜。御膳房每天都要去王致和的店裡買新鮮的臭豆腐，可是難免會有偷懶的時候。慈禧將一粒花椒暗藏在臭豆腐中，以測試每天吃到的臭豆腐是不是昨天吃剩的。有一次，她發現花椒還在，立即嚴懲了太監主管，沒想到臭豆腐因此名揚天下。

慈禧

豆腐和民俗

臘月二十五推磨做豆腐

民諺說："二十五，磨豆腐。"按照習俗，這一天家家戶戶都要磨豆腐準備過年。一方面是因為"腐"與"福"諧音，寓意著祈"福"；另一方面，則是因為過去人民生活窮苦，即使過年也吃不起肉，只能用豆腐來代替。

除夕要吃豆腐渣

有趣的是，一些地方還有在除夕吃豆腐渣的風俗。傳說，竈王爺每年臘月二十三上天庭向玉帝彙報家家戶戶這一年的德行，玉帝會下界查訪，看竈王爺所奏是否屬實。於是，各家各戶就吃豆腐渣以表示生活節儉，希望來年玉帝多賜福於人間，能過上好日子。

結婚要用豆腐

　　河北省的部分地區流傳著一種風俗，結婚迎親時會安排一乘迎親的轎子，轎子裡要坐著一個小男孩，頭戴一朵紅絨花，手裡拿著一把壺，壺裡放著一塊豆腐。取"絨花"與"豆腐"的諧音，表達對新人"榮華富貴"的祝福。

參加喪禮要"吃豆腐飯"

　　浙江、上海等地的人們在參加葬禮後，主人會舉辦酒席答謝前來吊唁的親友。這種酒席一般為素席，並以豆腐為主，俗稱"吃豆腐飯"。

小美生活課 學做皮蛋豆腐

主料

皮蛋（2顆） 豆腐（1塊） 紅米椒（4個）

輔料

生抽、蠔油、大蒜、醋、香油、鹽

1 將豆腐放入加了鹽的開水中泡上2~3分鐘。

2 紅米椒切碎，大蒜搗成蒜泥，都盛在小碗裡，再放入適量的蠔油、生抽和鹽。

3 攪一攪，把調料拌勻。

4 把豆腐切成均勻的小塊。

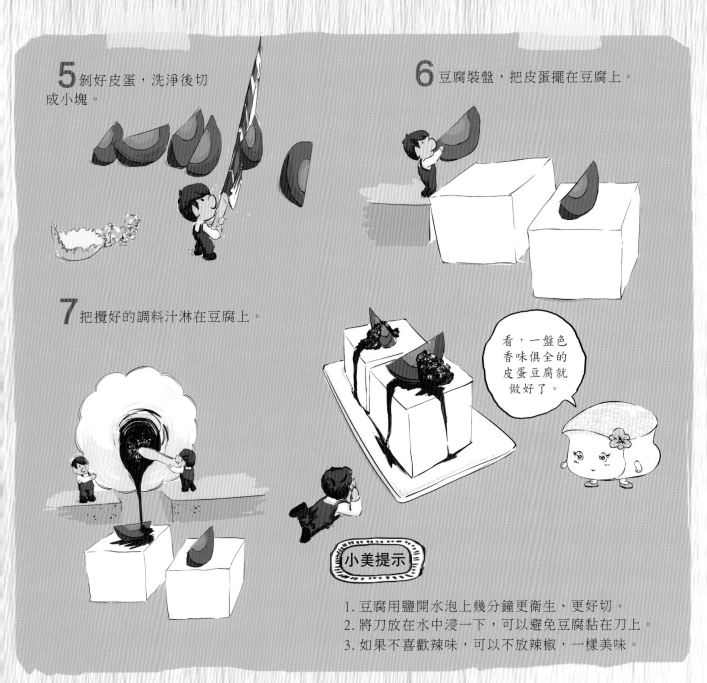

5 剝好皮蛋，洗淨後切成小塊。

6 豆腐裝盤，把皮蛋擺在豆腐上。

7 把攪好的調料汁淋在豆腐上。

看，一盤色香味俱全的皮蛋豆腐就做好了。

小美提示

1. 豆腐用鹽開水泡上幾分鐘更衛生、更好切。
2. 將刀放在水中浸一下，可以避免豆腐黏在刀上。
3. 如果不喜歡辣味，可以不放辣椒，一樣美味。

小美科學課 一塊豆腐如何用 3 刀切成 8 塊呢？

1. 輕按豆腐表面，豎著切 1 刀。

2. 按下圖再切第 2 刀。

3. 再把豆腐攔腰切 1 刀，這樣就是上面 4 塊，下面 4 塊，一共是 8 塊。

材料：嫩豆腐 1 塊、糯米粉 200 克
用具：盆、鍋、漏勺

1 把豆腐切成四四方方的小塊，盛在盆裡備用。

2 把糯米粉均勻地撒在豆腐上。

3 用手輕輕地擠壓豆腐，然後輕輕攪拌，直到糯米粉和豆腐完全融合，變成一盆光滑柔軟的糯米豆腐泥。

4 把糯米豆腐泥捏成湯圓大小的丸子，揉得圓一些。

5 把這些可愛的小丸子放進沸騰的開水裡，直到它們都浮到水面，就可以用漏勺撈出來，盛在涼水裡冷卻。

6 等丸子完全放涼，把水瀝乾，美味的白玉丸子就做好了。可以根據自己喜歡的口味煎、炒、烹、炸、熬、煮、燉，想怎麼吃都可以。

7 和紅豆沙一起熬煮，變成豆腐白玉丸子紅豆粥。

8 澆上黑芝麻糊和糖漿，變成黑芝麻豆腐白玉丸子。

筷子的正確握法

使用拇指、食指和中指3
根手指頭輕輕將筷子拿住

使用時只動筷子上側

拇指要放在食
指的指甲旁邊

兩根筷子尖對齊

無名指的指甲墊在筷子下面

拇指和食指的中間夾住筷
子將其固定住

筷子後方留1公
分長距離

品嚐美食，要知道一些基本
的禮節才不會失禮。而筷子
的使用是中國最傳統的餐桌
禮儀，有很多講究。

用筷子要避免這些錯誤

用筷子夾起一口菜，要稍作停頓，避免
一路滴答著菜汁夾到自己碗裡。

眼淚筷子

猶豫著到底該吃哪個菜，撥撥這盤，挑
挑那盤，並用筷子在飯菜裡翻來攪去。

猶豫筷子

用筷子指著別人，或指東西讓別人看。

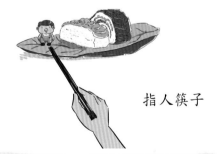

指人筷子

用筷子把盤子、碗推來推去地玩。

拖拉筷子

用筷子和筷子傳遞食物。

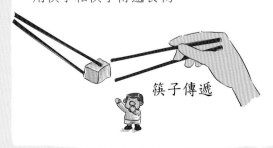

筷子傳遞

用筷子敲擊餐具，或把筷子插在食物上。

玩耍筷子

41

材料

水管疏通劑 1 瓶、豆腐 1 塊、透明玻璃碗 1 個

步驟

1 把水管疏通劑慢慢地倒進玻璃碗裡，
再把豆腐放進去，剛好能淹過豆腐即可。

2 1 小時後，注意觀察玻璃碗。裡面
會浮現出一些白色泡沫狀物質。

1 小時後

3 5 小時後，那些白色泡沫狀物質已經變成厚厚的一層，豆腐竟然變小了。

5 小時後

1 天後

4 一天後，再觀察，會發現玻璃碗裡的豆腐完全不見了，只剩下白色泡沫和混濁的液體。

小美科學課

為什麼豆腐會消失呢？

　　豆腐含有豐富的蛋白質，而水管疏通劑的主要成分是氫氧化鈉，是一種具有強腐蝕性的強鹼物質，可以溶解蛋白質。因此，將豆腐浸泡在水管疏通劑中一天後，蛋白質會被全部溶解掉，豆腐自然就不見了。同樣，香皂、洗潔精、玻璃清潔劑裡也都含有鹼性物質，將豆腐浸泡在這些液體中也會有同樣的結果，只是溶解的速度有所不同。

蛋白質

頭髮裡也有蛋白質

　　當頭髮堵塞了水管，我們可以倒一些水管疏通劑進去。因為頭髮的主要成分也是蛋白質，疏通劑會使它溶解，從而達到疏通水管的目的，這就跟水管疏通劑溶解豆腐是一樣的原理。

小美旅行記

我和我的小夥伴曾經到世界各地去旅行，在旅途中遇到和聽說了很多有趣的故事……

世界上最大的豆腐

2015 年，中國淮南豆腐節上出現了一塊重達 8 噸的超大豆腐，被稱為世界上最大的豆腐。

最有男子氣概的豆腐店

一家很有創意的日本豆腐店把柔軟的豆腐做出了男子氣概。店主是男人，店名叫"男前豆腐"，意即"男子氣概豆腐店"，就連豆腐包裝紙上也印有硬朗的"男"字。

用豆腐雕刻的牡丹

想不到吧，軟軟的豆腐上竟然還可以雕刻出牡丹花。中國的一位廚師就曾現場表演這一豆腐雕花的絕技，十幾瓣"豆腐牡丹"在水中綻放，令人稱奇。

臭豆腐逼停火車

日本曾經發生過這樣一件趣事：火車上，一位乘客舉報聞到了類似氨氣的臭味，列車如臨大敵般停車檢查，還出動了消防員。結果令人啼笑皆非，原來是臭豆腐散發的味道。為此，日本媒體還專門普及了臭豆腐的知識。

用豆腐拼出的蒙娜麗莎

中國的女藝術家桔多淇，曾創作出一批名為《蔬菜博物館》的攝影作品。她用蔬菜來仿製世界名畫，其中就有用豆腐和蔬菜拼出的世界名畫《蒙娜麗莎》和《夢》。

令人震撼的豆腐絲穿針

你能想像用豆腐切成的細絲穿過細小的針孔嗎？一位中國廚師在一次美食大賽上，把豆腐切得細如髮絲，並將一條豆腐絲穿過了針孔，刀法登峰造極，令人拍手叫絕。

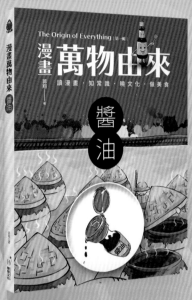

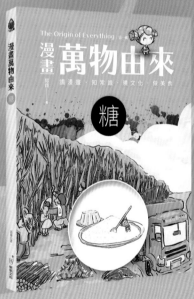

The Origin of Everything

漫畫 萬物由來

讀漫畫・知常識・曉文化・做美食

小樂果 7

漫畫萬物由來：豆腐

作　　　者／郭翔
總　編　輯／何南輝
責　任　編　輯／李文君
美　術　編　輯／郭磊
行　銷　企　劃／黃文秀
封　面　設　計／引子設計

出　　　版／樂果文化事業有限公司
讀者服務專線／（02）2795-3656
劃　撥　帳　號／50118837 號 樂果文化事業有限公司
印　刷　廠／卡樂彩色製版印刷有限公司
總　經　銷／紅螞蟻圖書有限公司
地　　　址／台北市內湖區舊宗路二段 121 巷 19 號（紅螞蟻資訊大樓）
　　　　　　／電話：（02）2795-3656
　　　　　　／傳眞：（02）2795-4100

2019 年 3 月第一版 定價／ 200 元 ISBN 978-986-96789-6-4